节 气

洋洋兔 编绘

泰山出版社·济南·

图书在版编目（ＣＩＰ）数据

节气 / 洋洋兔编绘 . -- 济南 ：泰山出版社，
2020.12
　（漫游中国系列）
　ISBN 978-7-5519-0183-3

　Ⅰ．①节… Ⅱ．①李… ②洋… Ⅲ．①二十四节气－
儿童读物 Ⅳ．① P462-49

中国版本图书馆 CIP 数据核字（2020）第 220360 号

责任编辑　池　骋
装帧设计　洋洋兔

JIEQI
节 气

出版发行：泰山出版社
　　　社　　址：济南市泺源大街 2 号　邮编：250014
　　　电　　话：综 合 部（0531）82023579　82022566
　　　　　　　　市场营销部（0531）82025510　82020455
　　　网　　址：www.tscbs.com
　　　电子信箱：tscbs@sohu.com
印　　刷：朗翔印刷（天津）有限公司
开　　本：190mm×210mm　24 开
印　　张：1.5
字　　数：80 千字
版　　次：2021 年 1 月第 1 版
印　　次：2021 年 1 月第 1 次印刷
标准书号：ISBN 978-7-5519-0183-3
定　　价：20.00 元

目录

节气里的春夏秋冬

"春雨惊春清谷天，夏满芒夏暑相连。

秋处露秋寒霜降，冬雪雪冬小大寒。"

  小朋友，你听过这首《二十四节气歌》吗？二十四节气是我国古人观察和总结太阳、气候、物候等方面的变化规律而形成的一套认知体系，是我国重要的"自然历法"，早在西汉时就被编入了当时的通行历法《太初历》。

"咬春萝脆秋肉馋，冬至饺暖夏面弹，

三伏羊鲜荔消暑，三九糯糕过大年。"

  配合节气穿衣、饮食、生产、作息，这样的习俗在我国延续了 2000 多年，早已成为文化基因，融入我们的血脉。

通过节气，我学了好多谚语呢！

哈哈，真厉害！

  二十四节气不仅是指导人们生产和生活的自然历法，更是我们感受中华文化博大精深的一扇窗口。和灿烂熊与阿朵朵一起，走近二十四节气，感受节气的美好吧！

立春 ——一年之计在于春

立春是二十四节气中的第一个节气，也是春天的第一个节气，在每年的2月3日、4日或5日。"立"是开始的意思，立春，就标志着春天开始了。不过，这时我国大部分地区还很寒冷，还没有真正进入春暖花开的季节，所以小朋友不要急着脱掉棉衣，要适当"捂一捂"哦！

立春这天，很多地方有"咬春"的习俗。咬春，就是吃新鲜的蔬菜，例如白萝卜、生菜，还有裹着蔬菜的春饼或者春卷。吃到新鲜蔬菜，春天的气息也就离我们不远啦！

一口咬下去，春天的味道都出来啦！

咬春

俗话说："一年之计在于春。"立春前后，会迎来我国最重要的传统节日——春节。新春伊始，万象更新，我们的心情也跟着焕然一新。小朋友，你有什么新年愿望吗？有没有制订新年计划呢？一起来度过充实的一年吧！

哈！厉害！

看我的

 ——春雨贵如油

　　雨水是二十四节气中的第二个节气，在每年的 2 月 18 日、19 日或 20 日。雨水以后，我们能明显感觉到天气变暖，草木萌发，田野间开始露出新绿，降水也从雪花变成小雨滴，淅淅沥沥地下起来。

● 挖野菜

春天是野菜萌芽的季节。小朋友，伴着和煦的春风，挎上小篮子，和爸爸妈妈去田野里寻找野菜吧！

你知道下面这些野菜的名字吗？一起认识一下吧！

马齿苋 (xiàn)　　香椿 (chūn)

荠 (jì) 菜

野蒜　　春笋

　　雨水节气的名字有两种含义：一是天气变暖，降水不再是下雪，而是变成下雨；二是降雨量增加，不再像冬天那么干燥了。这时北方的冬小麦和南方的油菜都返青生长，对水的需求量增大，农民伯伯们都盼望着下雨，"春雨贵如油"说的就是这个道理！

惊蛰 —— 春雷响，惊万物

轰隆隆，轰隆隆，打雷啦！小动物纷纷从冬眠中醒来，开始出来活动。过去，人们将小动物潜伏起来、不吃不喝越冬的行为称为"蛰（zhé）"，而"惊蛰"就是雷声惊醒这些动物的意思，是不是很形象？

惊蛰是二十四节气中的第三个节气，在每年的3月5日、6日或7日。惊蛰一到，不仅小动物开始出洞觅食，农民伯伯也要忙碌起来了。"到了惊蛰节，锄头不停歇"，惊蛰是春耕的时节，农民伯伯要耕地、播种，开始在田间地头辛苦地劳作。

春天天气干燥，人也容易口干、咳嗽，因为梨有润肺止咳、清热去火的功效，所以不少地方有惊蛰吃梨的习俗。梨可以生吃，也可以煮着吃或者榨汁喝，小朋友，你喜欢怎么吃呢？

春晴泛舟（节选）

〔宋〕陆游

儿童莫笑是陈人，
湖海春回发兴新。
雷动风行惊蛰户，
天开地辟转鸿钧。

 ——春分到，蛋儿俏

　　春分是二十四节气中的第四个节气，在每年的 3 月 20 日或 21 日。"分"是半的意思，春分到来，就标志着大好春光已经过去了一半。一年四季，每季三个月，古人分别用孟、仲、季来表示。例如春季的 2 月、3 月、4 月，又叫孟春、仲春、季春。春分正值仲春时节，桃红柳绿，草长莺飞，可以说是春天最美的时候。

　　俗话说："春分到，蛋儿俏。"小朋友，你玩过竖蛋的游戏吗？竖蛋就是拿一个新鲜的鸡蛋，让它在水平的桌子上竖起来。竖蛋是春分时小朋友争相玩的游戏，这是为什么呢？据说这天地球地轴的倾斜角度比较特殊，鸡蛋更容易竖起来。试一试，你能让鸡蛋竖起来吗？

清明 ——春和景明

清明是二十四节气中的第五个节气，在每年的 4 月 4 日、5 日或 6 日。"清明"是清洁明净的意思，《岁时百问》中讲："万物生长此时，皆清洁而明净，故谓之清明。"

清明既是二十四节气之一，也是我国重要的传统节日之一。清明是祭祀节日，这一天，人们常常不远万里赶回家乡，为逝去的亲人扫墓、献花，表达追忆和思念。

清明也是踏青的好时节，这时天气不冷不热，万物生机勃勃，正适合呼朋引伴外出踏青，感受春天的气息。

踏青

谷雨 ——雨生百谷

"布谷布谷，布谷布谷"，在布谷鸟的叫声中，我们迎来了二十四节气中的第六个节气，也是春天的最后一个节气——谷雨。谷雨在每年的 4 月 19 日、20 日或 21 日，是雨生百谷的意思，因为这时天气暖和，降雨量明显增加，所以农作物都在茁壮成长。

赏牡丹

谷雨前后，正值花中之王——牡丹的花期，赏牡丹便成为谷雨时节最为风雅的习俗。牡丹颜色艳丽，雍容华贵，有"国色天香"的美誉。我国著名的两个"牡丹之乡"——河南洛阳和山东菏泽，这时游人如织，前来赏花的人络绎不绝。

关于谷雨，还有一个有趣的传说。相传上古时期，仓颉创造文字，感动了上天，上天便下了一场谷粒雨，缓解了人间的饥荒。人们感念仓颉，于是将这天定为"谷雨"。

立夏——告别春天，迎接夏天

　　立夏是二十四节气中的第七个节气，也是夏天的第一个节气，在每年的 5 月 5 日、6 日或 7 日。立夏到来，意味着春天结束，进入夏天了。不过立夏也和立春一样，只是节气意义上的划分，而在气象学上，日平均气温超过 22℃才算夏天，所以这时我国只有南方部分地区入夏，其他大部分地区还是春天的感觉。

五彩饭

　　很多地方有吃立夏饭的习俗。立夏饭是用红豆、黄豆、黑豆、绿豆、青豆五种颜色的豆子和大米一起做成的"五彩饭"，含有"五谷丰登"的美好寓意。吃了五彩饭，今年也会是个丰收年！

小满——小得盈满

　　小满是夏天的第二个节气，在每年的 5 月 20 日、21 日或 22 日。小满的名字与农作物有关。《月令七十二候集解》里说："小满，四月中。小满者，物至于此小得盈满。"意思是，到了农历四月，北方以小麦为代表的农作物，籽粒开始变得饱满，但还没有完全成熟，所以这个节气叫"小满"。

烤小麦

籽吃一！

　　我们知道小麦成熟以后可以磨成面粉，做成各种美食，但你知道吗，未成熟的小麦也是可以吃的哦！小满时节，小麦的籽粒青嫩饱满，一掐就会流出白色的汁液。将麦穗割下来，放到火上烤熟，里面的小麦粒就会变得像橡皮糖一样柔韧弹牙，非常好吃！

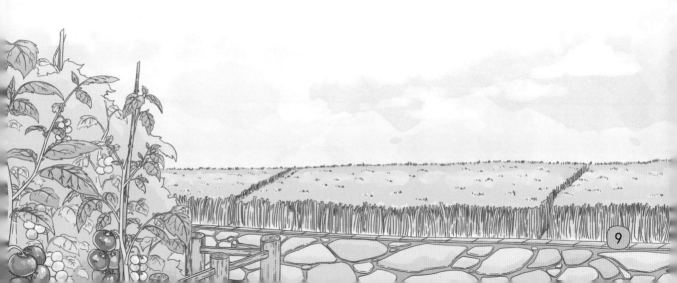

芒种——忙收忙种

芒种是夏天的第三个节气，在每年的 6 月 5 日、6 日或 7 日。芒种的名字也和农作物有关："芒"指小麦、大麦等农作物外壳上的针状物，这类作物在此时成熟，可以收割了；"种"指播种，玉米、大豆、花生等几种农作物，要在这时播种。

因为既要"收"，又要"种"，所以这时可以说是农民伯伯一年中最繁忙的时候。在北方，人们争分夺秒，热火朝天地收割小麦，因为小麦如果完全成熟，籽粒就会脱落，所以人们要赶在小麦只有九分熟、籽粒还没脱落的时候，尽快完成收割。

这时，北方天气干燥，而南方则进入了绵绵不绝的梅雨期。梅雨指梅子成熟时节的雨，持续时间长，往往要一个月才结束，所以人们用"入梅""出梅"的说法，表示梅雨的开始和结束。

> 梅雨梅雨，衣服都长霉了，应该叫"霉雨"吧？

夏至——吃了夏至面，一天短一线

　　夏至是夏天的第四个节气，在每年的 6 月 21 日或 22 日。"至"是极的意思，夏至这天，太阳直射北回归线，所以这天正午太阳的影子是一年中最短的。在古代，人们正是通过测量日影，先确定了日影最短的一天（夏至）和最长的一天（冬至），进而划分出其他节气。

　　夏至也是北半球一年中白昼时间最长的一天。"吃了夏至面，一天短一线"，我国很多地方都有夏至吃面的习俗，当然各个地方吃的面不一样，比如北京是炸酱面，山西是刀削面，四川是担担面……而吃过夏至面，就意味着往后的日子，白天会一天一天变短，太阳落山的时间也越来越早。

● 花样繁多的面

北京炸酱面　　兰州拉面　　山西刀削面

四川担担面　　新疆拌面　　江南阳春面

小暑——天气渐热

小暑是夏天的第五个节气，在每年的 7 月 6 日、7 日或 8 日。"暑"是热的意思，而"小"表示炎热的程度还没到最高，所以"小暑"的意思其实就是"小热"。

小暑过后，马上就会入伏，所以哪怕只是"小热"，其实也已经到了稍微活动一下就汗流浃背的程度，所以小朋友要注意，户外活动时要尽量避免阳光直射，并且做好防晒，预防中暑哦！

从小暑开始，每天都会比前一天更热，暑气蒸腾，人们往往食欲不振，这就是"苦夏"。小暑的很多习俗都与激发食欲有关，例如吃饺子、喝羊汤等。饺子开胃解馋，而羊汤本身是热的，喝完以后大汗淋漓，体内的湿气也会跟着排出来，让人感觉身体舒畅。

大暑 ——上蒸下煮

　　大暑是夏天的最后一个节气，在每年的 7 月 22 日、23 日或 24 日。小暑代表着炎热的开始，那大暑就是炎热的最高峰了。单从一个"大"字，也能感受到炎热的程度。大暑正值三伏天，这时户外已经基本没有清凉可言，到处都是蒸腾的热浪。"小暑大暑，上蒸下煮"，这时人在户外，**像身处大蒸笼里，又热又闷，苦不堪言。**

吃荔枝

　　不过，无论天气冷热，都是大自然运行的规律。如果该冷的时候不冷，该热的时候不热，反而会影响万物生长，农作物也不会有好收成。"大暑不暑，五谷不鼓"，如果大暑不热，农民伯伯可就要担心啦！

　　由于天气过于炎热，所以这时大家都在想尽办法消暑。著名的荔枝产区莆田素有吃荔枝"过大暑"的习俗。将刚刚摘下的荔枝浸泡在冰凉的井水里，大暑当天晚上再拿出来吃，冰冰凉凉的，暑气也会散去不少呢！

立秋——酷暑犹在

　　立秋是二十四节气中的第十三个节气，也是秋天的第一个节气，在每年的 8 月 7 日、8 日或 9 日。立秋表示秋天的开始，和立春、立夏一样，并不意味着真正秋天的到来。立秋时节正处于三伏的末伏，我国大部分地区还很炎热，酷暑余威犹在，颇有"秋老虎"的气势。

　　不过，白天虽然炎热，晚上却开始有习习凉风吹来，送来秋天的气息。俗话说"早上立了秋，晚上凉飕飕"，晚饭后坐在院子里，吹一吹凉爽的夜风，是这个时节独有的乐事。

　　我国北方素有"贴秋膘"的习俗。一个夏天过去，大家因为苦夏，体重都降了不少，秋天到来，食欲也跟着回来了，所以大家会专门做一些肉菜，例如红烧肉、酱肘子，"以肉贴膘"，找回体重，顺便为即将到来的冬天积累能量。

贴秋膘

酱肘子

红烧肉

处暑——秋高气爽

处暑是秋天的第二个节气，在每年的 8 月 22 日、23 日或 24 日。处暑是一个反映气温变化的节气，"处"是结束的意思，"处暑"就表示炎热的夏天结束了。这时，我国大部分地区的气温都开始下降，空气终于不再闷热，而是变得干净凉爽，秋高气爽的美好季节终于开始了！

俗话说"春捂秋冻"，秋天天气干燥，如果穿得太厚，会加重身体的燥热，所以需要适当"冻一下"，穿得稍薄一点，觉得凉爽、不热就可以了。

山居秋暝 〔唐〕王维

空山新雨后，天气晚来秋。

明月松间照，清泉石上流。

竹喧归浣女，莲动下渔舟。

随意春芳歇，王孙自可留。

● 秋天吃什么？

秋天要"贴秋膘"，但并不是每天都要大口吃肉，也要多吃蔬菜、水果，注意均衡饮食。秋天天气干燥，所以要多吃一些清热、滋润的食物。

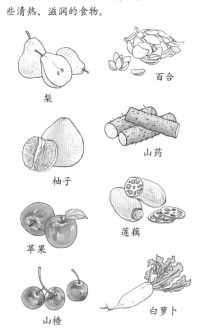

梨

百合

柚子

山药

苹果

莲藕

山楂

白萝卜

白露——露珠出没的时节

白露是秋天的第三个节气，在每年的 9 月 7 日、8 日或 9 日。这时，由于天气转凉，夜晚温度更低，空气中的水汽凝结，所以清晨的树叶、小草上会有很多晶莹的露珠。古人根据五行属性，认为秋天属金，而金色白（五行"金"的代表颜色是白色），所以将露珠称为"白露"。

从白露开始，炎热的夏天终于远去，真正的秋天到来了，所以这时就不宜再穿短袖、短裤了，不然容易着凉、拉肚子哦！

白露茶

很多地方有喝白露茶的习俗。白露茶即白露前后采的茶，这时的茶叶因为生长快，又有露水滋润，所以口感好，很受人们喜爱。

秋分 ——秋天过了一半

秋分是秋天的第四个节气，在每年的 9 月 22 日、23 日或 24 日。"分"是半的意思，秋分到了，就意味着秋季过了一半。秋分当天也和春分一样，太阳直射赤道，白天和黑夜一样长。

枣泥馅换你的蛋黄馅！

不换！

秋分是收获的时节，田地里庄稼成熟、瓜果飘香，大片金灿灿、黄澄澄的颜色。小朋友，观察一下周围的田野，这时都有哪些庄稼成熟了呢？

我国传统佳节中秋节，一般临近白露或秋分节气。中秋节是全家团圆的日子，尤其到了晚上，一家人坐在院子里聊天、赏月、吃月饼，真开心啊！

寒露 ——蒹葭苍苍，白露为霜

寒露是秋天的第五个节气，在每年的 10 月 7 日、8 日或 9 日。小朋友，还记得前面的白露节气吗？寒露和白露一样，也与露水有关。到了 10 月，原来晶莹剔透的"白露"，因为气温降得更低，快要凝结成霜，于是就变成了"寒露"。

寒露意味着深秋的来临，这时天气明显变冷，树叶纷纷由绿变黄，天地间显露出萧瑟的秋景。小朋友这时也要注意加衣服、穿得暖和一点，不能再穿薄薄的单衣了哦！

寒露临近我国传统节日——重阳节。浓浓的秋意，加深了游子们的思乡之情，"独在异乡为异客，每逢佳节倍思亲"。重阳节这天，人们会通过登高、赏菊、佩戴茱萸（zhū yú）等活动，表达自己的美好祈愿。

 霜降 ——霜叶红于二月花

霜降是秋天的最后一个节气，在每年的 10 月 23 日或 24 日。

"霜降"就是天气变得更冷、开始结霜的意思。古时，人们以为霜是露水变成的，"九月中，气肃而凝，露结为霜矣"。但现在我们知道，霜其实是空气中的水汽直接凝结而成的，因为夜晚地面的温度比地上的更低，所以贴近地面的小草、树叶上更容易结霜。

山行

〔唐〕杜牧

远上寒山石径斜，

白云生处有人家。

停车坐爱枫林晚，

霜叶红于二月花。

俗话说"霜降百草杀"，大部分植物被霜打过之后，都会变得无精打采，不复夏天的朝气，但是有一种景色却是霜降时节才能看到的，没错，那就是红叶！枫树、槭（qì）树、黄栌（lú）等树木的叶子会在深秋时节变得红艳无比，形成"万山红遍，层林尽染"的效果，十分美丽。

立冬——万物收藏

　　立冬是二十四节气中的第十九个节气，也是冬天的第一个节气，在每年的 11 月 7 日或 8 日。"立"是开始的意思，而"冬"即"终"，表示万物收藏。立冬时节，秋天收获的农作物已经全部晾晒完毕，收进谷仓，而小动物也纷纷回归巢穴，蛰伏过冬，天地万物，尽数收藏。

　　二十四节气中共有四个以"立"开头的节气，分别表示四个季节的开始。冬天是一年中的最后一个季节，这时户外已经没有红花绿树，没有晴空万里，但是小朋友却一点都不沮丧，而是满怀期待地盼望着，盼望着，冬天的第一场雪，就要到来啦！

　　俗话说："立冬补冬，补嘴空。"很多地方有"补冬"的习俗，因为立冬以后，天气变冷，辛苦劳作一年的大家，便趁这个机会休息一下，犒劳犒劳自己。北方人常吃饺子"补冬"，南方人则多吃一些羊肉、鸡汤类的温补食物。

水饺

鸡汤

小雪 ——瑞雪兆丰年

小雪是冬天的第二个节气，在每年的 11 月 22 日或 23 日。小雪和雨水、谷雨一样，是一个反映气候特征的节气。到了小雪时节，由于天气寒冷，降水从雨变成了雪，但因为气温还不是很低，无法形成积雪，所以是"小雪"。

"小雪雪满天，来年必丰年"，小雪时节的雪，预示着第二年农作物的丰收，所以不光小朋友盼望下雪，农民伯伯也在盼望着哦！

俗话说："小雪腌菜，大雪腌肉。"小雪这天，很多家庭都在忙着洗菜、腌菜，将萝卜、白菜、雪里蕻（hóng）等蔬菜洗干净，用盐腌渍起来。过一个月左右，这些菜就会变成冬天餐桌上不可缺少的美味腌菜。

其他的新鲜蔬菜则要及时放到地窖里，这样可以让蔬菜长时间保持新鲜，大家一整个冬天都有蔬菜吃。

大雪 ——千里冰封，万里雪飘

　　大雪是冬天的第三个节气，在每年的 12 月 6 日、7 日或 8 日。大雪，光听名字，就能猜到这个节气肯定和降雪有关，而且是前面小雪节气的升级版。这时的雪，不再是前面那种无法形成积雪的小雪花，而是铺天盖地的鹅毛大雪，千里冰封，万里雪飘，小朋友可以尽情堆雪人、滑雪橇、打雪仗啦！

　　小雪腌菜，大雪就可以腌肉了，腊肉、酱鸭、鱼干、香肠……各种肉经过佐料腌制，再挂到通风处晾晒，最后都会转化成不一样的美味，丰富人们冬天的餐桌。

腊肉

　　厚厚的积雪不仅给小朋友带来了天然的游乐场，也为农作物带来了丰收的保证。积雪不仅可以为农作物保温，天暖融化后还能滋润大地，防止春季干旱，"瑞雪兆丰年"说的就是这个道理。

——家家户户吃水饺

冬至是冬天的第四个节气，在每年的 12 月 21 日、22 日或 23 日。冬至的"至"和夏至的一样，是"极"的意思，这一天太阳直射南回归线，白天的时间是一年中最短的，所以冬至日也叫"日短至"。

古人认为，冬至"阴极之至，阳气始生"，天地间的阴气达到极致，阳气开始回升，象征着新一个轮回的开始，所以是大吉之日。在古代，冬至不仅是二十四节气之一，也是一个重要的节日，有着"冬至大如年"的说法。

冬至这天，几乎家家户户都会吃饺子。这个传统据说与东汉名医张仲景有关。传说有一年冬天，他看到很多百姓的耳朵冻伤了，于是发明了一种"祛寒娇耳汤"，用面皮包裹着切碎的羊肉和草药，放到水里煮熟。百姓吃了以后，冻伤果然痊愈了，后来"娇耳"就成了我们现在吃的饺子。

 **——天寒地冻，滴水成冰**

　　小寒是冬天的第五个节气，在每年的 1 月 5 日、6 日或 7 日。因为一年中最热的时候是大暑，所以你可能会猜，最冷的时候是大寒。但其实，我国气象观测资料显示，小寒才是我国一年中气温最低的节气，只有在极少的年份，大寒的气温低于小寒。

　　天寒地冻，滴水成冰，可以说是对小寒时节最好的形容。这时大家会尽量待在温暖的室内，减少户外活动。但如果一直不动，也不利于身体健康，所以小朋友可以进行适量的户外运动，比如慢跑、跳绳、滑雪、打雪仗等，不过一定要记得保暖，而且不宜运动太剧烈哦！

　　俗话说，"冬补三九，夏补三伏"，小寒正处三九前后，所以除了穿衣保暖、适量运动外，小朋友们也要注意在饮食上"补一补"，多吃一些有营养的食物哦！

大寒 ——过了大寒，又是一年

大寒是冬天的最后一个节气，也是二十四节气中的最后一个节气，在每年的 1 月 20 日或 21 日。由于西伯利亚寒冷空气的影响，大寒理论上是我国一年中最寒冷的时期，但小朋友也知道了，大多数年份，大寒并没有小寒冷，事实上最寒冷的时期已经过去了。

俗话说："过了大寒，又是一年。"大寒是一年中的最后一个节气，而且临近春节，所以到处都洋溢着一片辞旧岁、迎新春的喜庆气氛。为了迎接新年，人们赶集、备年货、大扫除，忙碌又喜悦。小朋友，你帮着爸爸妈妈大扫除了吗？还可以剪几个漂亮的窗花，春节的时候贴在窗户上哦！

二十四节气日记

这是阿朵朵的同学小理的节气日记。小朋友，你想不想写自己的节气日记呢？一起来试试吧！

1月

5日 小寒

天气好冷啊！门外的树上飞来几只喜鹊，叽叽喳喳地叫着，它们不怕冷吗？

20日 大寒

妈妈说，马上要过年了，来大扫除吧！在爸爸的带领下，经过两个小时的"战斗"，家里变得干干净净了！

2月

3日 立春

今天去小河边玩，河面的冰开始化了。回来的路上还看到了漂亮的迎春花。春天要来了吗？

18日 雨水

淅沥沥，淅沥沥，下雨啦！爷爷说，快看，田里的小麦都在仰着脑袋喝水呢！

3月

5日惊蛰

轰隆隆，轰隆隆，打雷啦！听说冬眠的小动物也会被雷惊醒，我要去找找看！

20日春分

我和哥哥玩"竖蛋"游戏，哥哥的鸡蛋不小心滚到桌子下面，摔破了！

4月

4日清明

我和妈妈一起做青团。我不仅学会了榨艾草汁，还包了几个青团呢！

20日谷雨

今天去公园，公园里的牡丹花都开了，真漂亮！我拍了好多照片，等回去给同学们看。

5月

5日立夏

我和哥哥玩"斗蛋"游戏，哥哥要赖，竟然拿着蛋头撞我的蛋尾，一下就把我的鸡蛋撞破了，真气人！

21日小满

今天和爷爷去田里看小麦，爷爷给我们烤小麦吃。我第一次吃烤小麦，没想到这么好吃！

6月

5日芒种

妈妈教我们做梅酒。原来新鲜的梅子在酒里那么长时间都不会腐坏啊，真神奇！

21日夏至

我和哥哥去树林里粘知了，结果知了没粘到几只，反而捡了不少蝉蜕。也算是收获颇丰吧！

7月

7日小暑

天气变热了，我和哥哥坐在屋檐下，吹着风扇吃西瓜，真舒服！

22日大暑

白天太热了，不能出去玩，但晚上去河边看了萤火虫，真有趣！

8月

7日立秋

爷爷家的向日葵终于成熟啦！我和哥哥剥了好多葵花子，等爷爷给我们炒熟了吃。

23日处暑

"七月（农历）枣，八月梨，九月柿子红了皮。"今天摘了好多枣，又脆又甜，真好吃！

9月

7日白露

今天去了湿地公园，芦苇真漂亮啊！还有很多水鸟，它们要飞往南方了吗？

23日秋分

我和哥哥去山里摘了好多酸枣，不过一次吃太多会把牙酸倒，还是留着慢慢吃吧！

10月

8日寒露

街道两旁的银杏树叶变黄了，一片金灿灿的，真好看！我捡了几枚落叶，准备做成书签。

23日霜降

今天我们一起去爬山、看红叶，虽然有点累，但是很开心！

11月

7日立冬

奶奶炖了鸡汤，说是要"补冬"，为身体补充能量，为冬天做准备。

22日小雪

今天小雪，下午果然下起了小雪，不过雪花真的很小，只有盐粒那么大。

12月

7日大雪

早上醒来，外面变成了银装素裹的世界。我和小伙伴们在雪地里堆雪人、打雪仗，真开心！

21日冬至

冬至吃水饺，我们包了好多水饺，有白菜馅的，有芹菜馅的，还有我最爱吃的三鲜馅的！